つくってみよう　だじゃれどうぶつ

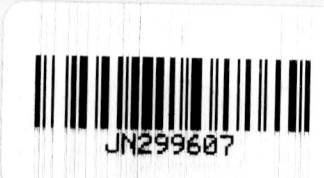

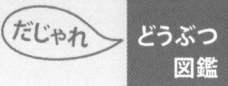

だじゃれどうぶつ図《ず》鑑《かん》

薮内正幸　原案・絵
スギヤマカナヨ　文

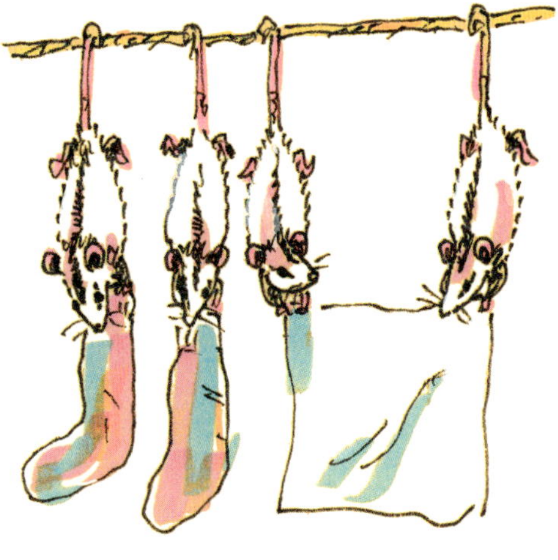

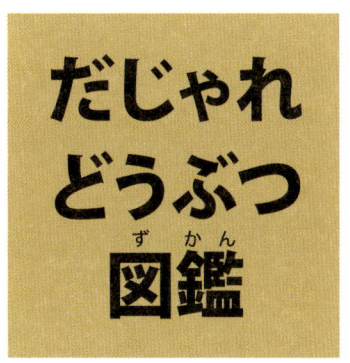

「だじゃれどうぶつ図鑑《ずかん》」って、なに？

みなさん、こんちわん、じゃなくて、こんにちは。この本は「だじゃれどうぶつ図鑑《ずかん》」という、タイトルのとおり、どうぶつのだじゃれの本です。でも、だじゃれだけでなく、まずは、本物のどうぶつを左ページに紹介《しょうかい》しています。なかには、きいたこともないような、めずらしいどうぶつもいますが、どれも、じっさいに存在《そんざい》します。そして、右ページにえがかれているものが、そのどうぶつの名まえからつくりだされた「だじゃれどうぶつ」です。

名まえのどの文字がかわって、だじゃれどうぶつに変身したのかを発見してみてください。ちょっとむずかしいものや、これがだじゃれ？ なんて思うものもあるかもしれませんが、それもだじゃれのごあいきょう。じっさいのどうぶつがすがたや生態《せいたい》をかえるのは、進化や突然変異《とつぜんへんい》などによるものですが、だじゃれどうぶつに変身する場合は、名まえの文字をちょっとかえるだけ。

この本をみているうちに、あらふしぎ、だじゃれどうぶつをつくってみたくなってきたでしょう？ そんなみなさんのために、だじゃれどうぶつをつくることができるスペースを本の中に用意しました。そんなにむずかしくはありません。さいしょの名まえのイメージがのこるように、少しずつ文字をかえていきます。たとえば「メダカ」。だじゃれどうぶつにしたら、「メカダ」（みためがメカっぽいメダカ）、「メダケ」（目だけがやたらとめだつメダカ）、「マダカ」（動きがのろいメダカ）など。ぜひ、おもしろいだじゃれどうぶつを発見し、つくりだしてみてください。

ところで、こんなユニークなだじゃれどうぶつをつくった人っていったいだれじゃ？ と思うでしょう。薮内正幸《やぶうちまさゆき》さんという画家です。この本の絵はじっさいのどうぶつも、だじゃれどうぶつも、薮内《やぶうち》さんがかいたものです。薮内《やぶうち》さんはこれまで、どうぶつや鳥の図《ず》鑑《かん》の絵をたくさんかいてこられました。この本では、あまりみたことのないような、おもしろいポーズをしたどうぶつの絵もみることができます。

そんな薮内《やぶうち》さんのすばらしい絵やだじゃれをもとに、どうぶつの生態《せいたい》や能力《のうりょく》、どうぶつと人間との関係、文化や歴史、そして、名まえのもつ意味やことばのおもしろさなども、解説文にところどころちりばめてみました。ぱらぱらとめくってたのしみながら、さまざまな発見をしてもらえるとうれしいです。

はじめのあいさつ「こんちわん」は、だじゃれどうぶつのなき声です。キツネのようなチワワで、名まえは「コンチワワ」。どんなすがたかは、みなさんが想像してみてくださいね！

スギヤマカナヨ

もくじ

「だじゃれどうぶつ図鑑《ずかん》」って、なに？ ―― 2
アデリーペンギン／ア、デル！ペンギン ―― 6
アフリカジャコウネコ／ありか?! 蛇口猫《じゃこうねこ》 ―― 8
アフリカゾウ／アフリカゾウキバヤシ ―― 10
インパラ／インパライッパイ ―― 12
エンペラータマリン／ノッペラータマリン ―― 14
オオアリクイ／オオアリスイ ―― 16
カイツブリ／カタツブリ ―― 18
カモノハシ／カモノバシ ―― 20
ガラパゴスコバネウ／ガチャパコスゴハネウ ―― 22
カンガルー／カングルー ―― 24
キクガシラコウモリ／キクカシラ？コウモリ ―― 26
キジ／キジンコ ―― 28
キツツキフィンチ／キススキフィンチ ―― 30
キンカジュー／ケンケンジュー ―― 32
クリップスプリンガー／クリップスプリンター ―― 34
クルマサカオウム／コレ、マサカオウム?! ―― 36
クロサイ／シンクロサイズドスイミング ―― 38
ジェレヌク／テレヌグ ―― 40
シマウマ／シワウマ ―― 42
シマテンレック／シマテンレッグス ―― 44
シマフクロウ／シマダフクロウ ―― 46
シマリス／よこしまリス ―― 48

シャモア／シャモアモア —— 50
タテガミヤマアラシ／ダテガミヤマアラシ —— 52
テングハネジネズミ／デンキハネンジネズミ —— 54
トビウサギ／スットビウサギ —— 56
ノウサギ／ロウウサギ —— 58
バージニアオポッサム／バア、ジイには、オポッサム —— 60
ヒグマ／ヒノデグマ —— 62
ヒメネズミ／ヒマネズミ —— 64
ヒョウアザラシ／ひゃあ、アサラシイ！ —— 66
ビントロング／キットロング —— 68
フクロネコ／フクロネンネコ —— 70
ブチクスクス／グチブツブツ —— 72
フラミンゴ／フランミンゴシュタイン —— 74
ヘビクイワシ／メンクイワシ —— 76
ヘラジカ／シャモジカ —— 78
ペリカン／バリカン —— 80
ミチバシリ／目《め》血《ち》走《ばし》り —— 82
ムササビ／ムサタビ —— 84
モグラ／モグランマルとオダモグナガ —— 86
ヨタカ／ヨッタカ？ —— 88
ライオン／オイライオン —— 90
あとがきにかえて　藪内竜太《やぶうちりゅうた》 —— 92

●この本をよむ人へ●

この本には、43種類のほ乳類《にゅうるい》や鳥類の絵と、43種類の「だじゃれどうぶつ」の絵がでてきます。ほ乳類《にゅうるい》や鳥類について、おもな生息地《せいそくち》や特徴的《とくちょうてき》な行動などを紹介《しょうかい》していますが、もっとくわしく知りたいときは、図鑑《ずかん》などで調べてみてください。シマウマなど、一部の名まえは、総称《そうしょう》で紹介《しょうかい》しており、特徴《とくちょう》はその種類全体をあらわしています。

どうぶつ
図鑑
No.1

アデリーペンギン・ペンギン目ペンギン科

オスはメスより先に繁殖《はんしょく》地《ち》にやってきて
小石を積みあげ、クレーター状《じょう》の巣をつくる。
オスとメスは協力して子育てをする。

アデリーペンギン

南極大陸周辺の海でくらし、子育ては陸の「コロニー」とよばれる繁殖《はんしょく》地《ち》で集団でおこなう。産卵《さんらん》後《ご》、メスは食事のため海にむかい、オスはメスと交代するまで 2 週間ほど、なにもたべずにたまごをだく。ひなは 36 日ほどでかえる。

ア、デル！ペンギン

南極大陸周辺の海でくらし、ふんをするときは陸の「ここに」とよばれる小石を積みあげたトイレでする。海では、ふんをがまんしているので、陸にあがるとほっとして「ア、デル！」とさけぶ。２週間ほどならがまんできる。

アフリカジャコウネコ・食肉目《しょくにくもく》ジャコウネコ科

アフリカジャコウネコ

アフリカの熱帯林《ねったいりん》やサバンナなどに生息《せいそく》。小動物やくだものなど、なんでもたべる。単独《たんどく》で行動することが多く、おしりのあたりから出す強いにおいの液《えき》で、なわばりを主張《しゅちょう》する。この液《えき》は、香水《こうすい》の原料としてつかわれることがある。

ありか?!蛇《じゃ》口《こう》猫《ねこ》

アフリカの熱帯林《ねったいりん》やサバンナなどに生息《せいそく》。からだはジャコウネコだが、口はヘビ(蛇《へび》)のよう。口から強いにおいの液《えき》をジャージャー出すので「ジャグチ(蛇口《じゃぐち》)ネコ」と、かんちがいされ、みた人は思わず「こんなのありか?!」とさけぶ。

アフリカゾウ・長鼻目《ちょうびもく》ゾウ科

からだについた虫を追いはらったり、強い日ざしから
皮ふを守るために砂《すな》あびをする。

アフリカゾウ

アフリカのサバンナなどに生息《せいそく》。陸上で最大のどうぶつ。年長のメスを中心に、メスとこどもの群《む》れでくらす。水やたべものをもとめて移動《いどう》し、きばで地面をほって水をさがすこともある。象牙《そうげ》が高く売れるため密猟《みつりょう》され数がへっている。

アフリカゾウキバヤシ

アフリカのサバンナなどに生息《せいそく》。陸上で最大のだじゃれどうぶつ。年長のメスを中心に、メスとそのこどもの群《む》れでくらす。よい水《みず》場《ば》をみつけると、そこに長い鼻をおろし、そのまま、ゾウキバヤシ（雑《ぞう》木《き》林《ばやし》）になってしまう。

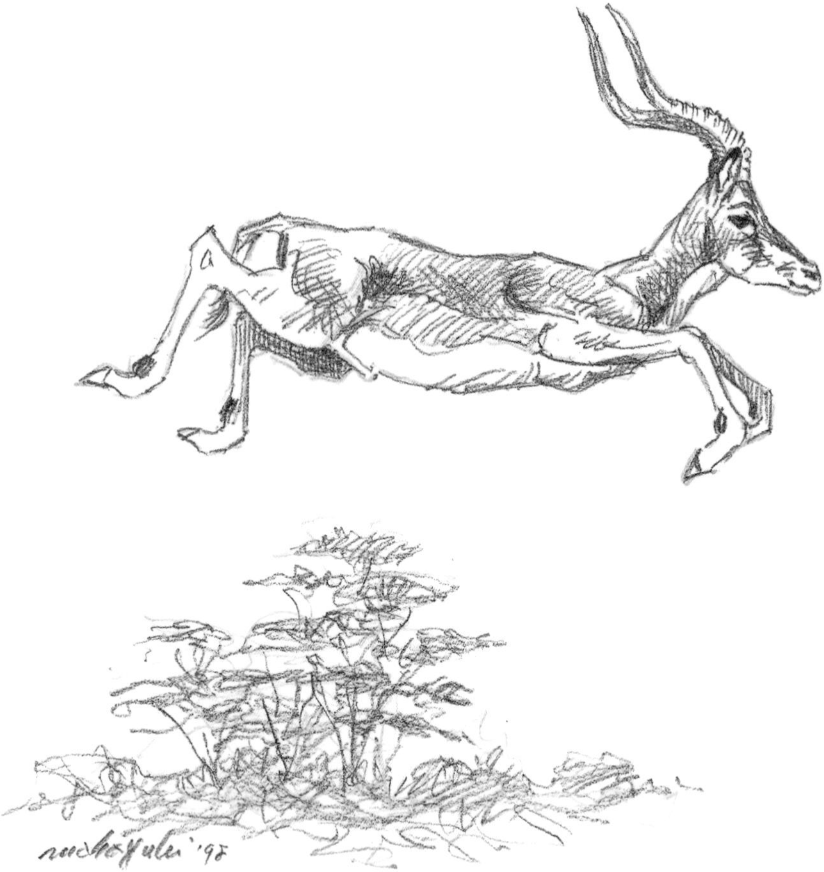

敵《てき》からにげるため、いっきに 10 メートルも
ジャンプすることがある。

インパラ

アフリカの草原などに生息《せいそく》。群《む》れをつくり、おもに草をたべる。たべているときは数頭が見はりをし、敵《てき》をみつけるとなき声でしらせる。群《む》れはいっせいにジャンプして猛《もう》スピードでにげだすので、チーターでもなかなか追いつけない。

インパライッパイ

アフリカの草原などに生息《せいそく》。おそるべき食欲《しょくよく》をもち、広い草原の草もたべつくしてしまう。ハライッパイ（腹《はら》いっぱい）たべると、敵《てき》をみつけても、重すぎて、ジャンプができない。そんなときは、腹《はら》をボンボンはずませてにげる。

エンペラータマリン・霊長目《れいちょうもく》マーモセット科

エンペラータマリン

南アメリカの熱帯雨林《ねったいうりん》にすむ小型のサル。オスにもメスにも長くてりっぱなひげがあることから、「エンペラー（皇帝《こうてい》）」の名がついた。木の上で群《む》れをつくってくらす。子育てのときはオスもこどもを背中《せなか》にのせ、世話をする。昼行性《ちゅうこうせい》。

ノッペラータマリン

墓地《ぼち》など人気《ひとけ》の少ないところにすむ小型のサル。目も鼻も口もまっ白で、のっぺらぼうにみえることから「ノッペラー」の名まえがついた。木の上で生活している群《む》れをみた人の多くは、おばけかとかんちがいする。夜行性《やこうせい》。

オオアリクイ・貧《ひん》歯《し》目《もく》アリクイ科

尾《お》の下に頭をいれてねむる、オオアリクイ。

オオアリクイ

南アメリカの草原や、ひらけた森林などに生息《せいそく》。前あしの大きなつめで、かたいアリ塚《づか》をこわし、長い舌《した》を出し入れしながら、1日に3万びきものアリをなめとる。前あしは、つめをすりへらさないよう、甲《こう》を地面につけて歩く。

オオアリスイ

家に発生するシロアリをたべる。前あしの大きなつめで、かたい床《ゆか》をこわし、そうじ機のような口でアリをすいとる。うっかり、ごみもいっしょにすいとると、ごみだけはきだすので、シロアリ退治《たいじ》にはいいが、そうじはたのめない。

およいだりもぐったりしやすいよう、あしはからだの
おしりのほうについている。あしひれは木の葉形。

カイツブリ

アフリカやアジアなどに幅広《はばひろ》く生息《せいそく》し、水上でくらす。水草などで巣をつくり、オスとメスは交代でたまごをだく。ひながかえると、保温《ほおん》や保護《ほご》のために背中《せなか》にのせることが多く、にげるときも背中《せなか》にのせたまま水にもぐることがある。

カタツブリ

アフリカやアジアなどに幅広《はばひろ》く生息《せいそく》。およぐときは目だけを外に出す。背中《せなか》にカタツムリのような巣があり、うきの役目もする。巣の中は保温《ほおん》や保護《ほご》にすぐれ、そこで子育てをする。もぐるのは苦手で、ゆうずうのきかないカタブツ。

カモノハシ・単孔目《たんこうもく》カモノハシ科

くちばしのような口は敏感《びんかん》で、泥《どろ》の中にいる
カニなどをさがしだして、つかまえる。

カモノハシ

オーストラリアの川のよどみなどに生息《せいそく》。ビーバーのような尾《お》と、水かきのついたあしをもち、およぎがとくい。水辺に巣あなをほり、メスはそこにたまごをうむ。ほ乳類《にゅうるい》でたまごをうむのは、カモノハシとハリモグラだけ。

カモノバシ

オーストラリアのがけなどに生息《せいそく》。ビーバーのような尾《お》と、力強いくちばしのような口をもち、くいついたらはなさない。谷をわたりたいときは、数頭で尾《お》にくいついてつながる。がんじょうな橋だが、じぶんたちはわたれない。

ガラパゴスコバネウ・ペリカン目ウ科

海辺の平らなところに海草で巣をつくる、ガラパゴスコバネウ。

ガラパゴスコバネウ

ガラパゴス諸島《しょとう》だけに生息《せいそく》。がんじょうで長いくちばしをもつ。羽は黒かっ色で、つばさは退化《たいか》して小さい。とぶことはできないが、あしにはみずかきがあり、水にもぐるのはとくい。水中で魚をとり、水面にあがってからたべる。

ガチャパコスゴハネウ

ガラパゴス諸島《しょとう》だけに生息《せいそく》。板状《いたじょう》のくちばしをもつ。羽はエメラルドとルビーのようにかがやく「スゴハネ(すごい羽)」だが、とぶことはできない。走るのはとくいで、走ると、くちばしが「ガチャパコ、ガチャパコ」となりひびく。

カンガルー・有袋目《ゆうたいもく》カンガルー科

毛づくろいをする、カンガルー。

カンガルー

オーストラリアの草原などに生息《せいそく》。発達した後ろあしでジャンプして移動《いどう》する。メスのおなかにはふくろ（育児のう）がある。生まれたこどもは２センチほどで小さいため、約235日間はふくろの中で育てる*。

＊アカカンガルーの場合

カングルー

オーストラリアの草原に生息《せいそく》。発達した耳は、小さな音もききのがさず、すべてじぶんの悪口ではないかと、カングル（勘《かん》ぐる）。生まれたこどもはおなかのふくろで育てるが、ちゃんとふくろの中にいるか、1日に235回はたしかめる。

キクガシラコウモリ・翼手目《よくしゅもく》キクガシラコウモリ科

鼻のあなから超音波《ちょうおんぱ》を出し、ガなどの
えものの位置をつきとめて、つかまえる。

キクガシラコウモリ

ヨーロッパやアフリカなどに生息《せいそく》し、日本でもみられる。昼はどうくつなどでぶらさがって休み、夜に活動する。顔のひだは鼻のあなから出す超音波《ちょうおんぱ》の方向を定める役割《やくわり》をする。コウモリのなかまは、つばさがあってとべるが、ほ乳類《にゅうるい》。

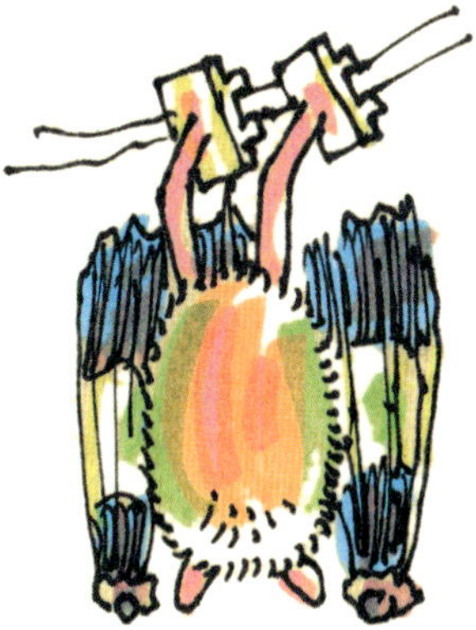

キクカシラ？コウモリ

コウモリのなかではかなりのおしゃべり。昼間はどうくつでしゃべりまくるので、こだまして騒音《そうおん》がひどい。話をきいてほしくて超音《ちょうおん》波《ぱ》も出す。また、「これなら、キクカシラ？」と、まわりの気をひくために、はでなすがたに進化した。

メスに求愛《きゅうあい》のポーズをとる、オスのキジ。

キジ

おもに日本の里山や畑などに生息《せいそく》。地上での生活が中心で、巣も地上につくる。あしはがんじょうで走るのが速い。オスのうつくしい羽にくらべ、メスの羽は地味《じみ》だが、草むらでは保護色《ほごしょく》になる。「ケーン、ケーン」となく。日本の国鳥。

キジンコ

おもに日本の湿地《しっち》や沼地《ぬまち》に生息《せいそく》。まったくとばず、およぐほうが多い。微小生《びしょうせい》物《ぶつ》のミジンコににて、よい環境《かんきょう》ではメスしかうまれない。環境《かんきょう》がわるくなると、メスは「キケーン、キケーン」となきだし、オスもうんで、数をふやす。

キツツキフィンチ・スズメ目ホオジロ科

虫の巣あなに小えだをさしこんで
虫をとる、キツツキフィンチ。

キツツキフィンチ

ガラパゴス諸島《しょとう》だけに生息《せいそく》。まっすぐでがんじょうなくちばしに、えだやサボテンのとげをくわえ、器用《きよう》に虫をとってたべる。たべものが少ない場所でも生きられるよう進化したとかんがえられている。道具をつかう鳥はめずらしい。

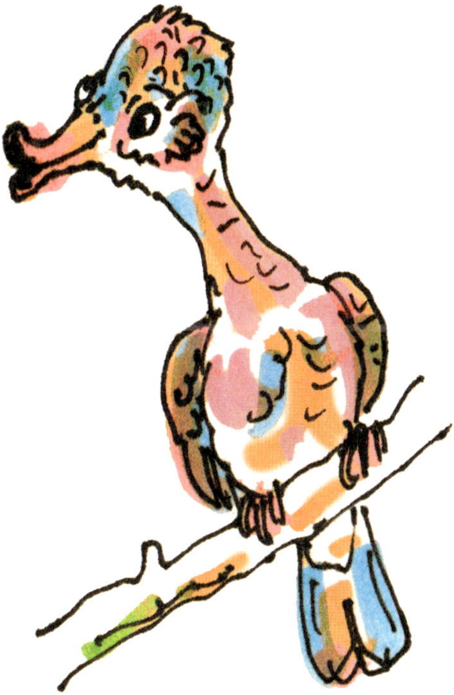

キススキフィンチ

ちゅー国《ごく》や、ちゅニジア、地《ち》ちゅー海沿岸《かいえんがん》などに生息《せいそく》。やわらかいくちばしの先で、虫などにやさしくキスをしてゆだんさせ、そのすきにすばやくたべる。かんたんにたべものをとるために進化した、とかんがえられている。

どうぶつ図鑑 No.14

キンカジュー・食肉目《しょくにくもく》アライグマ科

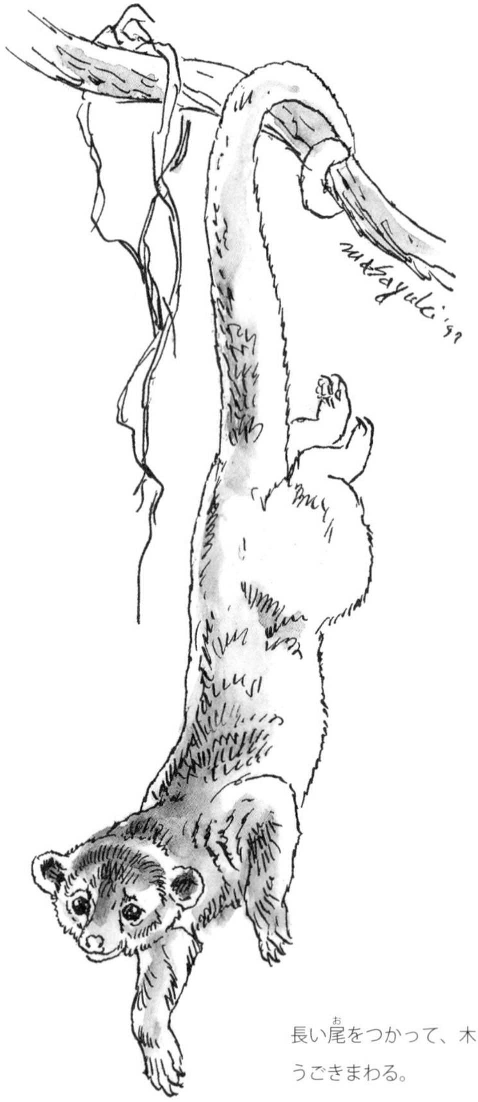

長い尾《お》をつかって、木の上を自由自在《じゆうじざい》にうごきまわる。

キンカジュー

中央アメリカや南アメリカの熱帯雨林《ねったいうりん》に生息《せいそく》。木の上で生活する。おもにくだものをたべ、長い舌《した》で花のみつをなめることがある。「ハニーベア(みつをなめるクマ)」の別名もある。威嚇《いかく》したり、メスをよぶときはするどい声でなく。

ケンケンジュー

花畑に生息《せいそく》する。短いあしでケンケンすることができ、それが友好のあいさつ。よく花をおくりあうので「ケンカ（献花《けんか》）ジュー」の別名もある。ときどき大声を出し、けんかしているようにみえることから「ケンカチュウ」ともいう。

ひづめの先が細く、せまい岩の上でも
立つことができる。

クリップスプリンガー

アフリカのサバンナにある岩山などに生息《せいそく》。切り立った岩の上にすむため、皮《ひ》ふは厚《あつ》く、あしはがんじょう。ひづめは弾力《だんりょく》があるので、高くジャンプして岩場をのぼったりおりたりするのに、てきしている。別名「イワトビカモシカ」。

クリップスプリンター

アフリカのサバンナに生息《せいそく》。がんじょうなあしと弾力《だんりょく》のあるひづめで、短《たん》きょりを速く走るスプリンター。筋肉《きんにく》もりもり。風のていこうをへらすため、耳はクリップのようなはりがね状《じょう》。別名「ヒトットビカモ、シッカリ」。

クルマサカオウム

オーストラリアのひらけた林などに生息《せいそく》。ピンク色のうつくしい羽をもち、ペットとして飼《か》われることも多い。環境《かんきょう》がよければ40年ほど生きる。人のことばもおぼえる。ときおり大声でさけんだりすることがある。

コレ、マサカオウム?!

アメリカのハリウッドなどに生息《せいそく》。芸達者でペットとして飼《か》われるほか、芸能《げいのう》界《かい》でかつやくするものも多い。芸歴が40年ともなると、みた人が「これ、まさか、オウム?!」と大声でさけんでしまうほどの芸をみせるらしい。

クロサイ・奇蹄目《きていもく》サイ科

虫よけや、皮ふの保護《ほご》のために
泥《どろ》あびをする。

クロサイ

アフリカのサバンナなどに生息《せいそく》。おもに木の葉や実をたべる。とがった上くちびるは、これらをむしりとるのにつごうがいい。単独《たんどく》で生活し、泥《どろ》あびをよくする。角《つの》を目的に、人間が大量につかまえてきたため、絶滅《ぜつめつ》が心配されている。

シンクロサイズド スイミング

アフリカのサバンナなどに生息《せいそく》。単独《たんどく》で生活するが、なかまをみつけると、おたがいをまねておなじ動作をする。水辺で出くわすと、息のあったシンクロナイズドスイミングをはじめるので、だれもが思わず拍手《はくしゅ》をおくりたくなる。

ジェレヌク・偶蹄目《ぐうていもく》ウシ科

後ろあしで立ち、えだや葉をたべる、
ジェレヌク。

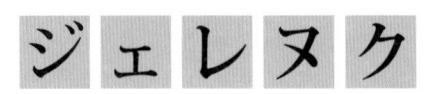

ジェレヌク

アフリカのサバンナなどに生息《せいそく》。細くて長い首とあしをもつ。長い時間、後ろあしで立てるため、ほかの生きものがとどかない高い場所の葉をたべることができる。「ジェレヌク」とは、アフリカのことばで「キリンの首」という意味。

テレヌグ

日本のいなかなどに生息《せいそく》。はずかしがりやで、かたいからの中にとじこもっている。よくおじぞうさまにまちがわれ、たべものをおそなえしてもらうので、生活にはこまらない。たべるときは、テレ（照れ）ながら、からをヌグ（ぬぐ）。

シマウマ・奇蹄目《きていもく》ウマ科

シマウマ

白と黒のしまもようがみられるウマ科の馬の総称《そうしょう》。アフリカの草原などに生息《せいそく》。しまもようは人間の指紋《しもん》のように１頭１頭ちがう。群《む》れでいると、それぞれのもようがかさなり、敵《てき》はねらいがさだまらず、こんらんするようだ。

シワウマ

アフリカの乾燥《かんそう》地帯《ちたい》に生息《せいそく》。生まれつき、からだじゅうにシワがあり、シワの数は１頭１頭ちがう。このシワは年をとるにつれ、さらにふえていく。群《む》れでいると、シワだらけのきみょうなかたまりにみえるため、敵《てき》がよりつかない。

シマテンレック・食虫目《しょくちゅうもく》テンレック科

シマテンレック

マダガスカル島に生息《せいそく》。数頭の群《む》れでくらす。長い鼻で地面をほり、ミミズなどをたべる。背《せ》中《なか》の毛をこすりあわせて甲高《かんだか》い音を出し、なかまとコミュニケーションをとる。このような音を出すのは、ほ乳類《にゅうるい》ではシマテンレックだけ。

シマテンレッグス

マダガスカル島に生息《せいそく》。あし（レッグ）が10本あり、じょうずにうごかしてタップダンスをおどったり、こすりあわせて「テレックテンテン」と音を出したりする。これはなかまどうしのコミュニケーションのためだといわれている。

シマフクロウ・フクロウ目フクロウ科

シマフクロウ

ロシアや日本の、川に近い森などに生息《せいそく》。フクロウのなかまは羽音をたてずにとぶものが多いが、魚を主食とするシマフクロウは羽音をたてててとぶ。森林ばっさいなどで生息《せいそく》場所《ばしょ》がへり、数が減少《げんしょう》している。天然記念物。

シマダフクロウ

江戸時代《えどじだい》に静岡県島田市《しずおかけんしまだし》に生息《せいそく》。頭のかざり羽《ばね》が特徴《とくちょう》。たまたま町のむすめがそれをまねてかみを結《ゆ》ったところ、大流行となった。そのかみ形は「しまだ」とよばれるようになり、いまでも花よめさんのかみ形としてみられる。

シマリス・齧歯《げっし》目《もく》リス科

毛づくろいをする、シマリス。

シマリス

北アメリカや日本の北海道などに生息《せいそく》。おもに地上で生活し、地中に巣あなをほる。冬眠《とうみん》するため、秋には、ほおにあるほおぶくろに、木の実などをつめこんで巣あなにはこび、たくわえる。ペットして飼《か》われていることも多い。

よこしまリス

ペットとして飼《か》われているものの中に、まれにいる。かわいいふりをして人間のおやつなどを、こっそりとほおぶくろにつめこんでかくす。背中《せなか》のしまもようはたてだが、心はよこしまなリス。

シャモア・偶蹄目《ぐうていもく》ウシ科

オスメスともに、先たんがカーブした角《つの》がある。

シャモア

ヨーロッパなどの山岳《さんがく》地帯《ちたい》に生息《せいそく》。頭と、のどの毛が白いのが特徴《とくちょう》。寒さにたえられるよう厚《あつ》い毛におおわれ、冬はこい茶色、夏はあわい茶色にかわる。メスやこどもたちは群《む》れをつくるが、オスは１年のほとんどを単独《たんどく》で行動する。

シャモアモア

ヨーロッパなどの山岳《さんがく》地帯《ちたい》に生息《せいそく》。頭はシャモア、のどから下の部分は絶滅《ぜつめつ》した恐鳥《きょうちょう》、モア。強くがんじょうなからだになりたいシャモアのねがいと、絶滅《ぜつめつ》に追いやられたモアの無念《むねん》なおもいから生まれたものと、かんがえられている。

タテガミヤマアラシ・齧《げっ》歯《し》目《もく》ヤマアラシ科

からだのとげは毛が変化したもので、
中は空《くう》どう。

タテガミヤマアラシ

アフリカやアジアなどに生息《せいそく》。木の根や球根などをたべる。敵《てき》にあうと後ろむきになり、毛やとげをさかだて、からだを大きくみせる。さらに、威嚇《いかく》するために、あしをふみならし、尾《お》をふって音を出す。とげをつきさすこともある。

ダテガミヤマアラシ

町なかに生息《せいそく》。おしゃれで美容院《びよういん》が大好き。いつも全身の毛を、様々《さまざま》なかみ形にかえている。五分刈《ごぶが》りやモヒカン、ロングヘアーをなびかせていることもある。かみ形がきまらないと、自信がなくなり後ろむきになる。

テングハネジネズミ・ハネジネズミ目ハネジネズミ科

テングハネジネズミ

アフリカの乾燥《かんそう》した森などに生息《せいそく》。てんぐのように長くのびた鼻は、いろいろな方向にうごく。おち葉の下にいるミミズやアリなどをにおいでさがし、長い舌《した》でつかまえてたべる。活発にはね、すばしっこい。昼行性《ちゅうこうせい》。

デンキハネンジネズミ

日当たりのよいところに生息《せいそく》。暗いところが苦手で、暗やみでは無意識《むいしき》に「光れ」とネンジ（念《ねん》じ）る。すると、尾《お》にデンキ（電気）が発生し、体内をながれて頭が光る。おかげで暗い巣あなでも安心してねむることができる。昼行性《ちゅうこうせい》。

どうぶつ
図鑑
No.26

トビウサギ・齧《げっ》歯《し》目《もく》トビウサギ科

トビウサギ

アフリカの乾燥《かんそう》地《ち》帯《たい》などに生息《せいそく》。大きくて強い後ろあしで立ち、いちどに2メートル以上ジャンプする。地中にトンネル状《じょう》の巣あなをいくつかほり、そこで子育てもする。1年間に2、3回こどもをうむが、いちどにうむのは1ぴきだけ。

スットビウサギ

アフリカの乾燥《かんそう》地《ち》帯《たい》などに生息《せいそく》。強い後ろあしで立ち、いつもいそがしくスットビ、おどろいてブットビ、きけんがせまると４本のあしをばたつかせてカットビ、なかまにしらせる。「ブットビウサギ」、「カットビウサギ」ともよばれる。

ノウサギ・ウサギ目ウサギ科

背中《せなか》の色はかっ色だが、雪のふる地域《ちいき》では、
冬は白い冬毛にかわるものもいる。

ノウサギ

様々《さまざま》な地域《ちいき》の草原などに生息《せいそく》。巣はつくらず、草むらなどでこどもをうむ。生まれたてのこどもには毛がはえていて、目もあいている。敵《てき》から身をまもるため、こどもは草むらでじっとうずくまり、親は授乳《じゅにゅう》のときだけもどってくる。

ロウウサギ

様々《さまざま》な地域《ちいき》の草原などに生息《せいそく》。生まれたときから年老いてみえるのが特徴《とくちょう》。そのみた目からよく敵《てき》にねらわれるが、きけんをかんじると、とたんにすばやくにげるので、敵《てき》はキツネにつままれたような気分になる。

死んだふりをする、バージニアオポッサム。
4時間以上このままでいることもある。

バージニアオポッサム

北アメリカの森や町の中などに生息《せいそく》。木のぼりがうまく、指でしっかりえだをにぎり、尾《お》をつかってのぼる。おなかにあるふくろ（育児のう）の中で、生まれたこどもを70日間ほど育てる。おどろくと死んだふりをすることがある。

バア、ジイには オポッサム

おもに、お年よりのすむ家に生息《せいそく》。尾《お》をうまくつかって、おつかいやせんたくをする。こどもが生まれると70日ほどおバアさんやおジイさんに育児をたのみ、家事をする。家事でしっぱいすると、死んだふりをすることがある。

きけんをかんじたり、えものをさがすときには
後ろあしで立つこともある。

ヒグマ

北アメリカやアジアの森林などに生息《せいそく》。おもに木の実をたべたり、前あしの長いつめで、木の根や球根をほってたべる。川でサケなどもとる。森の開発によって、たべものがへり、人里《ひとざと》に出てくることもある。冬は巣あなで冬眠《とうみん》する。

ヒノデグマ

日本の海岸に生息《せいそく》。夜、海にもぐり、サケなどの魚をとってたべる。夜明けとともに海面に顔を出すのでこの名がついた。「初ヒノデ（初日の出）グマ」はえんぎがよいとされ、元旦《がんたん》には人里《ひとざと》でごちそうをふるまわれる。冬眠《とうみん》はしない。

ヒメネズミ・齧歯目《げっしもく》ネズミ科

おち葉を巣あなにはこぶ
ヒメネズミ。

ヒメネズミ

日本の森林などに生息《せいそく》。木のぼりがうまく、長い尾《お》でバランスをとりながら、自由自在《じゆうじざい》にすばやくうごきまわる。巣は地下にトンネルをほるほか、木のうろなどにおち葉をはこんで巣にすることもある。日本の固有種《こゆうしゅ》。

ヒマネズミ

日当たりのよい場所に生息《せいそく》。長い尾《お》は自由自在《じゆうじざい》にうごき、身のまわりのものをとるのにもってこい。すばやくうごくのが好きではなく、昼間はひまをもてあまし、草原で日なたぼっこをしながら、昼ねをしている。

ヒョウアザラシ

南極大陸周辺の海に生息《せいそく》。イカやオキアミのほか、小型のアザラシやペンギンなどもたべる。単独《たんどく》で生活し、メスは夏のあいだに流氷《りゅうひょう》の上などで１頭の子をうみ、育てる。からだにヒョウのようなもようがあることからこの名がついた。

ひゃあ、アサラシイ！

南極大陸周辺の海に生息《せいそく》。単独《たんどく》で生活するため、朝はだれも起こしてくれない。2日に1回ねぼうをし、流氷《りゅうひょう》の上などで「ひゃあ、もう、アサラシイ（朝らしい）！」とさけぶことからこの名がついた。

どうぶつ図鑑 No.32

ビントロング・食肉目《しょくにくもく》ジャコウネコ科

木の上をゆっくりと移動《いどう》する
ビントロング。

ビントロング

南アジアや東南アジアなどの森林に生息《せいそく》。尾《お》は長く、先をえだにまきつけて木にのぼる。おもにくだものや虫をたべる。全身の毛は長く毛ぶかいが、頭の毛は短い。単独《たんどく》で行動し、夜行性《やこうせい》のため、昼間は木のえだの上で休んでいる。

キットロング

南アジアや東南アジアなどの森林に生息《せいそく》。全身の毛は長く毛ぶかいが、頭には毛がない。単独《たんどく》で行動し、たまになかまのすがたをみても、じぶんだけは、頭の毛が「きっとロング（長い）」だと信じてうたがわない。

フクロネコ・有袋目《ゆうたいもく》フクロネコ科

フクロネコ

オーストラリアやタスマニア島などに生息《せいそく》。おもに小動物などを夜間につかまえてたべる。メスのおなかには子育てのふくろ（育児のう）がある。生まれたこどもは、米つぶほどでとても小さいため、8週間ほどそのふくろの中で育てる。

フクロネンネコ

むかしの日本でよくみられたどうぶつ。メスのおなかに子育てのふくろはなく、背《せ》中《なか》にはおった「ねんねこばんてん」で育てる。生まれたこどもは米つぶほどの大きさだが、8週間ほどで成長し、ねんねこが米だわらのようにもりあがる。

後ろあしと尾《お》で、えだを
しっかりとつかんで木にのぼる。

ブチクスクス

オーストラリアやニューギニア島に生息《せいそく》。からだにぶちのもようがあるのはオスだけ。メスは白か、はい色の毛でおおわれ、おなかには子育てのためのふくろ（育児のう）がある。木の上で生活し、おもにくだものや木の葉をたべる。

グチブツブツ

環境《かんきょう》のわるいところに生息《せいそく》。グチをいうのはオスだけ。ブツブツうるさくいってると、子育て中のメスにおこられるので、グチをいいたいときは、とりわけ高い木にのぼり、ひっそりとブツブツいう。

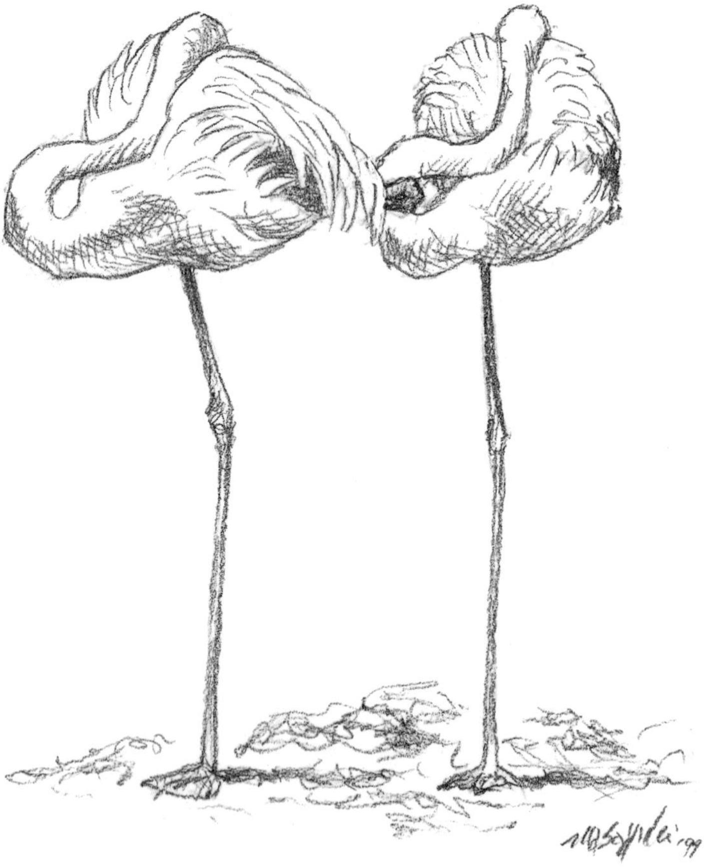

湖などでくらすフラミンゴは、あしから体温を
うばわれるのをふせぐため、片《かた》あしで立ったままねむる。

フラミンゴ

アフリカや南アメリカなどに生息《せいそく》。かぎ状《じょう》のくちばしでプランクトンなどをこしてたべる。子育てのとき、オスもメスも、のどのあたりでつくられる「フラミンゴミルク」とよばれる分泌液《ぶんぴつえき》を、口うつしでひなにあたえて育てる。

フラミンゴシュタイン

フランケンシュタイン博士がつくったペット。がんじょうな頭は重く、あしが細いため、よくころび、きずだらけ。頭を下げて、ものがたべられないので「フランケンミルク」とよばれる特別な液《えき》を博士からあたえられている。

ヘビクイワシ・タカ目ヘビクイワシ科

ヘビをふみつけてつかまえる、ヘビクイワシ。

ヘビクイワシ

アフリカのサバンナなどに生息《せいそく》。めったにとばず、歩きながらバッタやトカゲなどを追いたててつかまえる。ヘビなどの大きなえものをみつけると、がんじょうなあしでふみつけたり、地面にたたきつけたりして、よわらせてからたべる。

メンクイワシ

アフリカのサバンナに生息《せいそく》。オスはうつくしいメスをみつけると、ひたすら歩いてプレゼントをさがし、プロポーズする。オスがあまりしつこいと、メスはおこって、プレゼントのヘビをあしでふみつけたり、地面にたたきつけたりする。

ヘラジカ

北アメリカやヨーロッパの森に生息《せいそく》。最大のシカ。オスは２メートルにもなる大きくて平たい角《つの》をもつ。鼻先が長く、よくうごくくちびるをつかって、草や木の葉、水草などをたべる。のどにあるふさは、皮ふがたれさがったもの。

シャモジカ

学校の給食室など大量にごはんをたくところに生息《せいそく》。シャモジのような角《つの》をつかってごはんをよそう手伝いをする。みそしるやカレーなども、これでおわんに注ごうとするので、いつもこぼして、給食のおばさんにしかられている。

水辺にまいおりる、ペリカン。

ペリカン

アフリカやアメリカなどに幅広《はばひろ》く生息《せいそく》。湖沼《こしょう》などに群《む》れでくらし、のどにはよくのびるふくろ状《じょう》の皮ふがある。魚をとるときには協力しあうものもいて、数羽で魚をぐるりとかこみ、浅瀬《あさせ》に追いこんで、のどのふくろですくいあげる。

バリカン

人間が多くすむところに生息《せいそく》。くちばしの先がバリカンになっている。人にたのまれて散髪《さんぱつ》するときは、まず、くちばしのバリカンで頭のまわりをぐるりと刈《か》りこみ、切ったかみの毛は、のどのふくろですくいあげる。

ミチバシリ・ホトトギス目ホトトギス科

ミチバシリ

アメリカ南部からメキシコにかけての乾燥《かんそう》地《ち》帯《たい》に生息《せいそく》。地上で生活する。空もとべるが、ひじょうにあしが速く、敵《てき》に追われても、とばずに、走ってにげる。長い尾《お》は方向をかえるときのかじの役割《やくわり》をする。英語名は「ロードランナー」。

目《め》血《ち》走《ばし》り

アメリカ南部からメキシコにかけての乾燥《かんそう》地《ち》帯《たい》に生息《せいそく》。めったにとばず、えものをさがしてぶらぶら歩く。敵《てき》に追われると、長い尾《お》が火事になったように熱くなり、目を血走らせて猛《もう》スピードで走る。別名「ドーニモナランナー」。

高い木の上から 100 メートル以上の
大滑空《だいかっくう》をすることもある。

ムササビ

日本の本州、四国、九州などに生息《せいそく》。木の上や神社などで生活し、葉や花、マツの実などをたべる。前あしと後ろあしのあいだに飛《ひ》まくがあり、これを広げてグライダーのように、木から木へとびうつる。いちどに 30 メートルほどとぶ。

ムサタビ

日本全国を放浪《ほうろう》し、旅芸人をしているムササビ。背《せ》中《なか》をおおう毛は「ばんどり」とよばれ、道中《どうちゅう》の雨や寒さをふせぐ。平たい頭は「三《さん》度《ど》笠《がさ》」とよばれる。かたにかつぐにもつは、芸につかう小道具らしいが、どんな芸をするのかはなぞ。

モグラ・食虫目《しょくちゅうもく》モグラ科

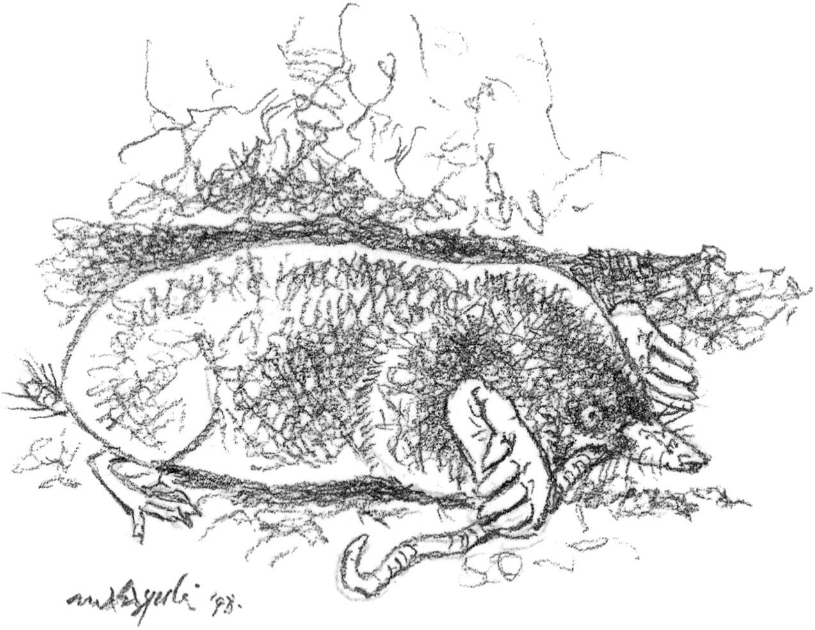

地中のトンネルに入りこんでくる
ミミズや昆虫《こんちゅう》の幼虫《ようちゅう》を大量にたべる。

モグラ

北アメリカ、アジア、ヨーロッパなどに生息《せいそく》。目は小さく退化《たいか》し、よくみえない。がんじょうな前あしのつめで地中にトンネルをほってくらす。シャベルのような前あしは、からだのよこについていて、地中をほるのにつごうがいい。

モグランマルと オダモグナガ

滋賀県《しがけん》の安土城《あづちじょう》あとにトンネルをほり、生活する。モグランマルがオダモグナガの世話をする。ときどき野生のサルがくわわり、3びきでいることもある。モグナガは京都の本能寺《ほんのうじ》にはつらい思い出があり、ぜったいに近よらない。

ヨタカ・ヨタカ目ヨタカ科

木のえだに擬態《ぎたい》してやすむ、ヨタカ。

ヨタカ

アジアのあたたかい地域《ちいき》の森林に生息《せいそく》し、日本には夏にわたってくる。夜行性《やこうせい》。空をとびながら、頭の幅《はば》ほどもある口を大きくあけ、中にとびこんでくる虫をたべる。口のまわりにあるかたいひげは、口の中に虫をとりこむのに役に立つ。

ヨッタカ？

夏にわたり鳥として日本にやってくると、友だちのすむ森にみやげの酒をもってあいさつに立ちよる。でも、にたような木ばかりで「ここへはヨッタカ？」とかんがえるうちに頭がこんがらがって、あちこちのえだにぶつかってしまう。

ライオン

アフリカの草原やさばくなどに生息。オスにはたてがみがある。1、2頭のオスと5、6頭のメスで「プライド」という群《む》れをつくり生活する。夜になるとメスがかりをし、えものはまず群《む》れのオスがたべ、メスはのこりをわけあう。

オイライオン

江戸時代《えどじだい》、吉原《よしわら》に生息《せいそく》。オスにもメスにもたてがみがあり、メスにはかんざしがはえている。あしの形が「八《はち》の字《じ》」になるように、ゆっくり歩くのが特徴《とくちょう》。いろいろな芸ができ、プライドが高い。「ありんす」となく。江戸末期《えどまっき》に激減《げきげん》。

あとがきにかえて

薮内正幸《やぶうちまさゆき》美術館《びじゅつかん》には、「裏《うら》ヤブ作品」と名づけられた絵を集めたファイルがあります。そこに収められた絵を描《か》いたのは動物画家であった薮内正幸《やぶうちまさゆき》。細密《さいみつ》な動物や野鳥を描《えが》く第一人者といわれ、その絵は絵本や図鑑《ずかん》、教科書や辞典などにつかわれているので、ひょっとしたらどこかで目にされているかもしれません。そんな動物画家が描《か》きのこした「おふざけ」な絵の数かず……。

薮内《やぶうち》は若いころから、東京動物園協会が発行する月刊誌「どうぶつと動物園」にイラストを描《か》いてきました。1995年から2000年のあいだは毎月1点の絵を連載《れんさい》し、完成した絵を封筒《ふうとう》などに入れて編集者《へんしゅうしゃ》にわたしていたのですが、ある時から薮内《やぶうち》は、担当編集者《たんとうへんしゅうしゃ》に喜んでもらうため、描《か》かれた動物にちなんだ「だじゃれどうぶつ」を封筒《ふうとう》に描《か》くようになります。その情熱《じょうねつ》たるや半端《はんぱ》ではなく、本来の仕事としての絵はスケッチ調のため30分とかからず描《か》くものの、表《おもて》にはでない「だじゃれどうぶつ」のネタをひねりだすのに平気で2時間、3時間と費やす始末。息子である私《わたし》のところにも、たまに見せにくるのですが、くだらないダジャレには辟易《へきえき》しているので、「ふ～ん……。で？」と。すると、「ダメか……」と部屋にもどってまた頭をひねることとなります。その間、仕事もせず。しかし、そのかいあってか、東京動物園協会の編集部《へんしゅうぶ》で大ウケだったようで、「表《おもて》にはでない裏《うら》の薮内作品《やぶうちさくひん》」ということで「裏《うら》ヤブ作品」と、編集部《へんしゅうぶ》でよばれるようになりました。

2000年に薮内《やぶうち》が死去、2004年に日本で唯一《ゆいいつ》の動物画の美術館《びじゅつかん》として薮内正《やぶうちまさ》幸《ゆき》美術館《びじゅつかん》が開館したのを機に、「裏《うら》ヤブ作品」を東京動物園協会からいただきました。私《わたし》も知らない絵が多く、また、ダジャレとしてはお寒いものの、面白おかしく描《えが》かれた動物たちのプロポーションは的確《てきかく》にデフォルメされていました。時には生態《せいたい》についても、ちょこっとメモが。関西人気質《かんさいじんきしつ》なのか、ヒトを笑わせ

和《なご》ませることを大事にし、好きな動物のこととなるとつい真面目《まじめ》になる……。実は「裏《うら》」ではなく、こちらの方が「表《おもて》」なのかな。その時からこれはなにかしらの形にしたいなあと、漠然《ばくぜん》と思っていました。それがこのたび、ご自身も学生のころから空想上の動物を作りだしていたという、スギヤマカナヨさんのステキな解説とともに、ようやく日の目を見ることとなりました。

上の世界にいる（下かな!?）薮内《やぶうち》はきっと地団駄《じだんだ》踏《ふ》んでいることでしょう。おふざけで描《か》いていた絵が、多くの人の目にふれることになったわけですから。しかし、「絵の扱《あつか》いに関しては一切をオマエにまかせる」と最後の病床《びょうしょう》でいったのは覚えているよね？ 言質《げんち》はとっているよ！

最後になりますが、描《か》きのこされた作品に新たな命をふきこんでくれたスギヤマカナヨさんには心より御礼《おんれい》を申し上げます。「形にしたい」というだけで何のアイディアもなかった状態《じょうたい》から見事な「形」に仕上げてくれた偕成社編集部《かいせいしゃへんしゅうぶ》のみなさま、ありがとうございます。なにより、薮内《やぶうち》のくだらないダジャレに長年お付き合いいただき、また絵を保存管理《ほぞんかんり》して下さった、当時、東京動物園協会で編集担当《へんしゅうたんとう》をされていた黒田恭子さんには感謝《かんしゃ》の言葉をいいつくせません。

子どものころから、動物園に行けば目当ての動物をいつまでも見続け、「動物好き」を生涯通《しょうがいとお》した薮内正幸《やぶうちまさゆき》。この本がきっかけで、動物に興味《きょうみ》をもつ子が一人でも増《ふ》えればうれしいです。そしてそのなかから薮内《やぶうち》のあとを継《つ》ぐような「動物画家」が生まれれば、きっと薮内《やぶうち》も喜ぶことでしょう。何せ息子はそっちの方はさっぱりでしたから……ね。

薮内竜太《やぶうちりゅうた》（薮内正幸美術館《やぶうちまさゆきびじゅつかん》 館長《かんちょう》）

薮内《やぶうち》 正幸《まさゆき》…原案・絵

1940年大阪生まれ。子どものころから動物がすきで、独学で動物の絵を描きはじめる。1959年、高校卒業と同時に上京。図鑑画を描くため福音館書店に入社し、図鑑・絵本の絵を担当する。1971年にフリーランスに転身。動物画家として図鑑、絵本、広告など幅広い分野で活躍する。おもな絵本の作品に、『どうぶつのおやこ』『おかあさんといっしょ』など。絵を担当した作品に『しっぽのはたらき』『どうぶつのおかあさん』『冒険者たち』『グリックの冒険』『ガンバとカワウソの冒険』など多数がある。『野鳥の図鑑』など図鑑の作品も多く、『広辞苑』の挿絵も描く。サントリー愛鳥キャンペーンの新聞広告で、朝日広告賞グランプリ受賞。動物たちへのあたたかいまなざしで描かれた作品は1万点以上のこされている。2000年逝去。絵は、山梨県にある薮内正幸美術館でみられる。

スギヤマカナヨ…文

静岡県生まれ。東京学芸大学初等科美術卒業。『ペンギンの本』で講談社出版文化賞受賞。おもな作品に『K・スギヤーマ博士の動物図鑑』『K・スギヤーマ博士の植物図鑑』『ゾウの本』『ネコの本』『てがみはすてきなおくりもの』『山に木を植えました』『ほんちゃん』『ぼくのすごいしゅうしゅうしゃ』など多数。

■ 監修協力

日橋一昭（井の頭自然文化園 園長）

■ 協力

公益財団法人 東京動物園協会

参考文献

『朝日百科 動物たちの地球』全144巻（朝日新聞社）

『世界動物大図鑑』（デイヴィッド・バーニー編集　日高敏隆監修　ネコ・パブリッシング）

『動物大百科 大型草食獣』（D.W. マクドナルド著　今泉吉典監修　平凡社）

『世界哺乳類和名辞典』（今泉吉典監修　平凡社）

『世界鳥類和名辞典』（山階芳麿著　大学書林）

『ペンギン図鑑』（上田一生著　福武忍画　鎌倉文也写真　文溪堂）

『地球動物記』（岩合光昭写真・文　福音館書店）

『日本哺乳類大図鑑』（飯島正広写真・文　土屋公幸監修　偕成社）

『新 世界絶滅危機動物図鑑』全6巻（今泉忠明・小宮輝之・大渕希郷監修　学研教育出版）

『科学のアルバム コウモリ』（増田戻樹著　あかね書房）

薮内正幸さんの絵は
山梨県にある美術館でみられます

薮内正幸美術館

〒408-0316
山梨県北杜市白州町鳥原 2913-71
電話番号：0551-35-0088
http://yabuuchi-art.jp/

　この本は、薮内正幸さんが描いた絵と、メモをもとにつくりました。実在のほ乳類や鳥類の絵は、薮内さんが、月刊誌「どうぶつと動物園」（東京動物園協会発行）で連載した絵や、とくしま動物園のネームプレートのために描いた絵です。

「だじゃれどうぶつ」の名まえは、基本的に、原案どおりの名まえを掲載していますが、一部、変更したものもあります。実在のほ乳類や鳥類、「だじゃれどうぶつ」の解説文は、この本をつくるにあたって、新しく書きました。

だじゃれどうぶつ図鑑

薮内正幸　原案・絵
スギヤマカナヨ　文

発　行 —— 2012年10月1刷　2017年9月2刷
発行者 —— 今村正樹
発行所 —— 偕成社
〒162-8450 東京都新宿区市谷砂土原町3-5
電話 03-3260-3221（販売部）03-3260-3229（編集部）
http://www.kaiseisha.co.jp/
デザイン —— 安楽豊
印刷所 —— 小宮山印刷
製本所 —— 常川製本

NDC726 96p 22cm ISBN978-4-03-533460-6
Published by KAISEI-SHA. Printed in Japan.

落丁本・乱丁本はお取り替えいたします。
本のご注文は、電話・ファックスまたはEメールでお受けしています。
電話：03-3260-3221　ファックス：03-3260-3222　E-mail：sales@kaiseisha.co.jp

ハヤブサ・タカ目ハヤブサ科

ハヤブサ

南極大陸をのぞく様々《さまざま》な地域《ちいき》に生息《せいそく》。世界最速の鳥。ハトなどのえものをみつけると、高いところから急降下《きゅうこうか》し、空中でつかまえる。するどいつめでえものをけり落とすこともある。切り立ったがけなどでたまごをうみ、子育てをする。